Regina Karl

Kleines ABC der Kommunikationstechnik

GRIN Verlag

Bibliografische Information der Deutschen Nationalbibliothek:

Die Deutsche Bibliothek verzeichnet diese Publikation in der Deutschen National-
bibliografie; detaillierte bibliografische Daten sind im Internet über http://dnb.d-
nb.de/ abrufbar.

Impressum:

Copyright © 2007 GRIN Verlag, Open Publishing GmbH
Druck und Bindung: Books on Demand GmbH, Norderstedt Germany
ISBN: 978-3-640-79725-7

Dieses Buch bei GRIN:

http://www.grin.com/de/e-book/164085/kleines-abc-der-kommunikationstechnik

GRIN - Your knowledge has value

Der GRIN Verlag publiziert seit 1998 wissenschaftliche Arbeiten von Studenten, Hochschullehrern und anderen Akademikern als eBook und gedrucktes Buch. Die Verlagswebsite www.grin.com ist die ideale Plattform zur Veröffentlichung von Hausarbeiten, Abschlussarbeiten, wissenschaftlichen Aufsätzen, Dissertationen und Fachbüchern.

Besuchen Sie uns im Internet:

http://www.grin.com/

http://www.facebook.com/grincom

http://www.twitter.com/grin_com

Studienarbeit zum Thema

Kommunikationstechnik

Inhalte:

Plankstadt, 17.03.2007/ Sa.

Regina Karl

KOMMUNIKATIONSTECHNIK

In der heutigen Zeit kommt ein gut ausgebildeter Mensch um die nötigen EDV-Kenntnisse nicht mehr drum herum. Das Berufsleben wird zunehmend automatisiert und digitalisiert – durch eine Vielzahl von elektronischen Hilfsmitteln, Computern.
Aber was kann ein PC eigentlich? Wie ist er konstruiert? Wo liegen seine Grenzen und Gefahren? Was ist mit dem Schutz und der Sicherheit von persönlichen Daten? Zu diesen und anderen Themen ist diese Arbeit gewidmet.

I.   Technisches Grundwissen

(Was kann ein PC?)
Zunächst mal: Der PC kann rechnen, lesen, schreiben, sogar korrigieren und sprechen (mit Sprachfunktion). Ziel der EDV ist es, Massendaten schnell zu bewältigen, zu verwalten und Infos schnell und effizient aufzuarbeiten. Der Mensch wird dadurch entlastet in der Arbeit, da monotone Vorgänge automatisch laufen.
Der Vorteil der EDV liegt in der Geschwindigkeit des Arbeitsprozesses. Zuverlässigkeit und Rationalität vergrößern sich dadurch enorm.

(Vorgeschichte)
Die Urväter in der Entwicklung der EDV, welche bis in die Anfänge des 17. Jh. zurückreichen, hätten wohl gestaunt, was aufgrund ihrer Vorarbeit und den heutigen Computern alles inzwischen möglich ist:

(Möglichkeiten)
Textverarbeitung, Kalkulationen, Controlling, Präsentation von Bildern, Einkauf, Lagerwesen, Online-Banking., Online-Shopping, Verwaltung von Kundendateien, Lohnabrechnung, Projektmanagement, Planung von Architektur + Statiken in der Baubranche, visuelle Planungen von Großprojekten im Ingenieurswesen (Konstruktion eines Flugzeugs oder Autos), ja sogar der Flug zum Mond und ins entferntere Sonnensystem.

("EVA")
Und diese Urväter hätten wohl auch nicht schlecht gestaunt, dass bei all dem eine „Frau" dahinter steckt: EVA!
E ingabedaten
V erarbeitung
A usgabedaten.

Hat sich dieses dreiste Wesen in alter Zeit als Apfeldiebin erwiesen, zeigt sie sich heute als „gehorsames" System zur Datendarstellung.

(Datenstrukturen)
Da nicht nur im biblischen Paradies, sondern auch in der Datenverarbeitung alles seine Ordnung haben muss – dafür sorgt die Datenstrukturierung. Anhand meiner Familie habe ich als Beispiel dazu eine Namensliste mit Geburtsdatum, sortiert nach Alter erstellt.

> **Bsp. 1 DATENSTRUKTUREN**

Dateiname : **Familienliste**   Zeichen

Feldname

Nummer	Vorname,Name	Alter	Geburtsdatum	Beruf
01	Vollmann, Jürgen	78	15.04.1929	Rentner
02	Vollmann Brigitte	74	28.09.1932	Rentnerin
03	Romeike, Günther	49	03.03.1958	Gartenbauarchitekt
04	Romeike geb. Vollmann, Sabine	46	23.05.1960	Amtfrau
05	Karl geb. Vollmann, Regina	39	15.01.1968	Werbetexterin, Studentin
06	Karl, Thorsten	38	24.09.1968	Facharbeiter
07	Romeike, Jens	17	21.07.1989	Abiturient
08	Romeike, Manuel	10	10.05.1996	Realschüler

Datensätze

(Maßeinheiten)
Wer sich einen PC kauft, wird jedoch nicht unbedingt zuerst auf Datenstrukturen sehen; eher wird er auf entscheidende **Maßeinheiten** achten.
So wird die Leistungsfähigkeit eines Computers vor allem von der Speicherkapazität der Festplatte und des Arbeitsspeichers abhängig gemacht. Neueste Modelle z.B. von Dell besitzen derzeit schon einen Arbeitsspeicher von 1024 MB RAM. Das entspricht 1.024.000 KB und 1.000.024.000 Byte – auf jeden Fall eine ganze Ecke mehr als auf eine Floppy-Disk aus den 80er Jahren draufpasst.

II. HARDWARE

Stimmen die „inneren Werte" eines PC, werden die Äußerlichkeiten, wie z.B. die Peripherie schon interessanter. Natürlich möchten sie nun wissen, welche Geräte an Ihren PC angeschlossen werden können. Die Peripherie verfügt über:

> Eingabegeräte   wie z.B. Maus, Tastatur, Scanner, Mikrofon (bei Spracheingabe)
> Dialoggeräte wie z.B. interne Netzwerke, externe Netzwerke wie z.B. das Internet
> Ausgabegeräte   wie z.B. Monitor, Drucker

III.   DATENERFASSUNG

Wer sich einen PC kauft, der möchte natürlich auch damit umgehen und arbeiten. Wenn Sie den PC für Ihre eigene Arbeit benötigen und vielleicht im Vertrieb & Marketing beschäftigt sind, dann spielt für Sie die Datenerfassung eine große Rolle, denn die vielen Datensätze Ihrer Kunden - sowohl der Stammkunden als auch der potentiellen – müssen natürlich auch systematisch geordnet und verwaltet werden.

Bsp. 2 DATENERFASSUNG

In einem Projekt mit dem Namen „B2C" (Verkauf einer Homepage) sah die Datenmaske dann ungefähr so aus:

Kundennummer: 1234567890

Herr/ **Frau**/ Firma

Name	Vorname
Adresse	
PLZ Ort	Land:
Tel 1	Bandbreite:
Tel 2	Anschluss: analog ☐
Fax	ISDN ☐
E-Mail	DSL ☒
	Fremdanbieter:
	Ja ☒
	Welcher:............
	Nein ☐

....

Gesprächsleitfaden zum Verkauf einer Homepage (GLF)
....

Grund der Ablehnung:

Nicht gesprächsbereit   ☒
Wohnungswechsel   ☐
Hat HP bei Telekom   ☐
HP bei Arcor   ☐
HP bei 1&1   ☐
Anderer Anbieter   ☒
Kunde zu alt   ☐
Schlechte Erfahrung mit T-Com   ☐

Durch die systematische Datenerfassung gelingt es in kürzester Zeit, eine Fülle von Informationen zielgerecht präsent zu haben und zu be- oder verarbeiten. Durch diese wichtigen Informationen, die aus der Datenerfassung resultieren, kann die Unternehmensleitung wichtige Anhaltspunkte herauslesen, um das unternehmerische Konzept noch kundenfreundlicher und präziser zu gestalten. So wird die Effektivität erhöht, die Kosten bleiben recht gering und die Erfolgsquoten erhöhen sich.

IV.   SOFTWARE

Die Software ist in der modernen Kommunikation per PC von entscheidender Bedeutung.
So wird zwischen der Systemsoftware, welche meist auf dem PC schon als Betriebssystem vorinstalliert ist, und der Anwendersoftware unterschieden. Die Anwendersoftware bezieht sich eher auf den alltäglichen Gebrauch von bestimmten Programmen. Auch hier gibt es 3 wichtige Arten von Anwendersoftware:

a) Software für kommerzielle Anwendung

Bsp. 3 SOFTWARE: Lexware-Programme sind dafür ein Paradebeispiel. Dieses Programm ist überall zu kaufen und wird vor allem für eine schnell und gut organisierte Buchhaltung eingesetzt.

b) Branchensoftware

Bsp. 4 SOFTWARE: Die Firma „Pergis" in Mannheim entwickelt Softwareprogramme fürs Gesundheitswesen – insbesondere für Krankenhäuser & Krankenkassen.

c) Bürosoftware. Dabei handelt es sich um meist auf dem PC vorinstallierte Programme, die der Arbeit entsprechend angewendet werden. Bei Microsoft sind das die Programme:

Word	für Textverarbeitung
Excel	für Kalkulationen
Powerpoint	für Bildschirmpräsentationen
Publisher	für Druckpublikationen
Access	für die Verwaltung von Datenbanken*
Outlook	für die E-Mails, für Terminplanungen + Arbeitsablaufplanungen
Netmeeting	für Online-Konferenzen

Zu *:   *wobei es nicht nur Datenbanken im Anwenderprogramm, sondern auch im Internet als Online-Datenbanken gibt. Diese sind vor allem da zu finden, wo im Internet von vielen Nutzern oft darauf zugegriffen wird. Beispiele dafür sind u.a. Suchmaschinen wie Lycos, Google, Web.de, Telefonbuch u. a. m.*

V. DATENSICHERUNG + DATENSCHUTZ

Nun müssen natürlich, bei so vielen Daten, auch eine gute Sicherung und ein guter Schutz vorhanden sein, um Datenverlust und Datenmissbrauch zu verhindern.

Die Datensicherung erfolgt im Regelfall durch das Abspeichern der Daten auf Festplatte, Disketten und CD-Roms. Wer gewissenhaft seine Daten sichert, wird auch von jedem Objekt, auf dem die Daten gespeichert sind, eine Kopie anfertigen, um sicherzustellen, dass die nötigen Daten in jedem Falle präsent sind und der Arbeitsablauf nicht beeinträchtigt wird. Eine sinnvolle Art der Datensicherung ist es, die Datenträger mit Passwortschutz zu versehen und diese in einem guten Tresor zu verschließen.

Die Datensicherung sorgt also primär dafür, Daten sicher jederzeit präsent zu halten – ähnlich einer Bibliothek oder einem Archiv. Auch hier kommen nur Menschen hinein, die einen Bibliotheksausweis oder eine andere Berechtigung nachweisen können.

Ansonsten wird sich zur Datensicherung von Kundendaten + Kundenbestellungen der Anwendung von Codes, Passwörtern, Firewalls + Virenschutzprogramme neben einer regelmäßigen Wartung und einer guten Dokumentation bedient.

Der Datenschutz geht hier sogar noch weiter. Er sichert nicht nur die Daten an sich, sondern auch deren Inhalte. Gerade in der modernen Medienwelt ist dies unverzichtbar, denn Datenträger mit Daten können heute überall legal erworben werden. Dass nicht alle (vor allem „sensible") Daten auf Datenträgern einfach so verkauft und gekauft werden können, dafür sorgt der Datenschutz. Es würde Sie wohl kaum in Freudentaumel versetzen, wenn Ihre Krankheitsgeschichte oder Ihre Alltagssorgen beim Psychologen oder Ihr persönlicher Kontostand in der Zeitung stehen würden. Die rechtliche Grundlage dafür wurde mit dem Bundesdatenschutzgesetz geschaffen.

Auch wäre jedem von uns wohl sehr unwohl, wenn wir uns ängstigen müssten, dass Hacker beim Online-Banking unsere Kontonummer, PIN und Transaktionsnummer herausfinden würden. Um hier dem Datenschutz gerecht zu werden, sind in den häufigsten Fällen SSL-Verschlüsselungscodes eingerichtet, die so etwas verhindern. Die rechtliche Grundlage dafür findet sich u. a. in § 5 BDSG.

Ein weiteres wichtiges Thema des Datenschutzes sind die Rechte der Betroffenen, die meist in Diskrepanz zu den Interessen der speichernden Stelle stehen.
2 Beispiele sollen dies verdeutlichen:

A) SIM Call-Center GmbH, die im Auftrag der Deutschen Telekom (Hauptkunde) und einer Reihe von kleineren Unternehmen aus der Kommunikationsbranche Tarife, DSL-Produkte und Homepage-Pakete vertreibt.
Bei einem Projekt, in den eine HP von Telekom zu 9,99 verkauft werden sollte, musste am Schluss immer das Einverständnis zu weiteren Tele-Marketinganrufen und zu anderweitigen Werbezwecken eingeholt werden. Das passierte nach dem Gesprächsleitfaden + nach Formulierungen, die in Schulungen antrainiert wurden ungefähr wie folgt:

„....Wir dürfen Sie auch weiterhin über unsere Produkte informieren?" (GLF)
„....Ich darf Sie deshalb noch mal anrufen?" (bei unentschlossenen „Och vielleicht später mal!"-Kunden)
„... nicht wahr, wir bleiben in Verbindung deshalb?!" (Das wurde allerdings nur bei ganz „eiligen" Kunden gemacht, welche nicht gesprächsbereiter waren als 30 Sekunden)

Da die Aufnahmefähigkeit des Kunden am Telefon naturgemäß weit geringer + unkonzentriert ist, sagen 98% „JA". Damit darf das Unternehmen den Datensatz weiterhin nutzen, ohne dass dies dem Kunden noch einmal schriftlich bewusst gemacht wird.
Genau genommen stellt dieses „Unterjubeln" der Zustimmung nicht zwingend eine bewusst entschiedene „Willenserklärung" des Kunden dar – und damit erst recht keine EV-Erklärung (denn diese wird bewusst-freiwillig abgegeben).

B) INFORMA GmbH mit Sitz in Baden-Baden handelt mit „sensiblen" Kundendaten unter dem Deckmäntelchen einer „Unternehmensberatung" und berät Großversandhäuser wie Klingel, Weltbild & Bader über die Zahlungsfähigkeit und „Zahlungsmoral" von Kunden.
Maßgeblich zur Bewertung eines Kunden sind fast ausnahmslos subjektive Aspekte wie z.B.
- Die Wohngegend
- Das Einkommen
- Das Alter
- Eventuell vorhandene Ratenzahlungen
- Das Kaufverhalten (was kauft der Kunde zu welchem Zeitpunkt)
- Die Schnelligkeit der Zahlung
Die Daten dafür erhält das Unternehmen von Kreditkartenfirmen und den Auswertungen der sogenannten „Payback-Karte".
Es zwingt sich mir der Eindruck auf, dass die Daten der Betroffenen nur so lange geschützt werden, bis es wieder mal einen Musterprozess gibt, in dem zugunsten der speichernden Stelle mit „gut interpretierten Gesetzestexten" der eigentlich Sinn des BDSG aufgeweicht und unterwandert wird.

VI. LOKALE NETZE & EXTERNE NETZE

Lokale Netze bestehen in Unternehmen u. a. in der Verwaltung von Kundendaten. So werden bei einem Versandunternehmen die Stammdaten von Kunden (Kundennummer, Name, Adresse, Wohnort mit PLZ, Land, Geburtsdatum wg. Voller Geschäftsfähigkeit) und deren Bestellungen im Kundencenter gespeichert, welches dafür zuständig ist, dass die bestellte Ware schnell und sorgfältig an die richtige Adresse gelangt. Gespeichert werden dort auch die Zahlungsart und individuelle Abmachungen zwischen Kunde und Unternehmen. (Vertrieb) – Die Vorgänge des Rechnungsweges werden in der Rechnungsabteilung gespeichert. Das Kundencenter selbst hat dazu keine Einsichtberechtigung. Die Rechnungsabteilung bearbeitet die Zahlungsmodalitäten des Kunden sowie seine Zahlungsfristen und berechnet den Endpreis. Zahlt der Kunde nicht wie vorgeschrieben geht der Vorgang zur Mahnabteilung über. Alle 3 Abteilungen arbeiten unabhängig voneinander und doch trotzdem zusammen, denn für die Rechnungsabteilung ist es wichtig zu wissen, ob vielleicht Extra-Absprachen getroffen wurden, welche aber im Kundencenter & Vertrieb gespeichert sind.

Die jeweiligen Abteilungen haben Daten die untereinander freigegeben werden können aber auch einige, die geschützt sind. Daten über Schufa-Auskünfte dürfen z.B aus Datenschutzgründen nicht ins Kundencenter (Vertrieb & Kundenberatung) gelangen. Diese Daten verbleiben in der Mahnabteilung oder auch Rechnungsabteilung.

Voraussetzung für ein lokales netz ist eine LAN-Verbindung mit einer Schnittstelle fürs netz. Die einzelnen PCs werden durch einen betriebseigenen Server koordiniert (Server-PC).

Ein lokales Netzwerk braucht natürlich auch eine gewisse Struktur; und die Struktur des Netzwerkes sollte zu den Zielen passen, die ein Unternehmen damit erreichen möchte:

- **Die Ringstruktur** erscheint für das oben erwähnte Beispiel am Passendsten, denn sie überzeugt durch ein Höchstmass an Belastbarkeit, möglicher Erweiterung und Stabilität nahe am Optimum. Es liegt im Interesse des Unternehmens einen Reservekanal zu schaffen. Für größere Unternehmen und mittelständische Betriebe wie geschaffen.

- **Die Sternstruktur** kann ich mir in Kleinbetrieben oder 1-Mann-Betrieben vorstellen, da das Handling sehr leicht ist, aber das Risiko, das ein Totalausfall mit sich zieht, ist äußerst begrenzt.

- **Die Busstruktur** kann ich mir gut in Steuerbüros, Anwaltskanzleien oder auch Kreativbüros vorstellen, weil diese Berufssparten in jeder Hinsicht sehr flexibel sein müssen.

Externe Netze sind die Verbindung von PCs zum öffentlich zugänglichen Fernmeldenetz. Sowohl das Internet als auch das Intranet gehören dazu. Während im Internet der freie Zugriff auf das öffentliche Fernmeldenetz gewährleistet wird, ist das Intranet nur mit ausgewählten dem Unternehmen dienlichen Seiten oder Seitenausschnitten bestückt.

Es gibt 3 bekannte Techniken dafür:
1. Analog-Technik

Der Analoge Anschluss besitzt nur 1 Leitung. Also laufen die Daten brav hintereinander durch den „heißen Draht".
Die Nachteile davon sind allerdings groß. Sie können nur eins von Beidem:
Entweder telefonieren *oder* Internet – beides geht nicht!
Dazu ist diese Technik, bedingt durch die 1 Leitung, sehr laaaaaaangsaaaaaaaam! Telekom konterte bei der Einführung der DSL-Technik mit dem Werbetext im Spot:

„Lieber Ladebalken! – Es war so schön mit Dir… Was ich doch alles machen konnte, während du da warst: Kaffe kochen, den Abwasch machen, aufs Klo gehen…aber wir passen einfach nicht zusammen!……Tschüss Ladebalken!"

Was der Spot zu heißen hat, sollte jeder wissen. – Aufgrund der Langsamkeit ist diese Technik auch sehr unflexibel. Noch ein weiterer gravierender Nachteil kommt hinzu:
Die Analog-Technik ist eine sehr unsichere Technik. Dialer, Hacker + Spamware haben hier freies Spiel ohne Hindernisse.

2. ISDN-Technik (Abk. für „**I**ntegriertes **S**prach- und **D**atennetz")

Vor der Einführung des ISDN gab es für die Dienste wie Telex (Fernschreiben) Teletex und Telefonie jeweils eigene Netze, zwischen denen es Übergänge (Gateways) gab, zum Beispiel zwischen Fernschreibnetz und Teletex oder vom Telefonnetz zu den Datex-Netzen.
1989 erstmals bei der CeBit gepriesen und mit 2 Volksschauspielern über Monate hinweg umworben, ist ISDN zwar schneller und flexibler als die Analog-Technik, denn nun können Sie gleichzeitig telefonieren, den Anrufer auf dem Display erkennen und noch ein paar Spielereien mehr und dabei im Internet surfen, doch die Sicherheit bleibt auch hier auf der Strecke. Oft wird sich darin getäuscht, dass ISDN 2 „Leitungen" habe. Das ist mit Einschränkung zwar richtig, dennoch ist die zweite „Leitung" eher eine visuelle „Scheinleitung" – keine tatsächlich vorhandene!

Den Unterschied zwischen Analog und ISDN sollen die 2 nachfolgenden Schaubilder verdeutlichen:

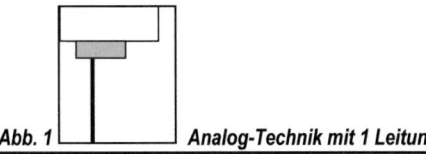

Abb. 1   **_Analog-Technik mit 1 Leitung_**

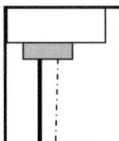

Abb. 2: ISDN mit „Zweitleitung"

Der Nachteil, der noch immer hier besteht:
Noch immer zu freies Spiel für Dialer, Hacker und Spamware. Ein Hacker braucht nur durch entsprechende Software die IP-Adresse „raus zu lesen" und „drin" ist er.

3. DSL-Technik

Mit der Einführung der DSL-Technik hat sich die Sicherheitsfrage erfreulicherweise zum Besseren verändert. Ungehindert schnell und einfach ins Internet und dabei telefonieren und faxen bis der Arzt kommt. Dazu ist das Ganze sehr sicher, da eine eigens eingerichtete „Störleitung" dafür sorgt, dass Hacker und Dialer die IP nicht mehr lesen können.

Abb. 3. zeigt das Schema der DSL-Technik mit 2 tatsächlichen Leitungen und einer Leitung für die Verschlüsselung, die sich über die beiden anderen legt.

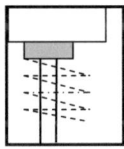

DSL hat sich heute flächendeckend verbreitet. Datengeschwindigkeiten bis zu 12000 MB/ sec. sind inzwischen möglich und auf dem M
arkt zu bekommen. Am Besten erkennt man die Unterschiede der 3 Techniken beim Öffnen einer Internetseite. Mit DSL dauert dies nur noch Bruchteile von 1 Sekunde.

VII.   KOMMUNIKATIOSDIENSTE

In der heutigen Zeit werden wir mit Informationen überflutet. Um noch Übrsicht im überall präsenten Datendschungel zu erhalten – dafür gibt es Kommunikationsdienste aus öffentlicher + privater Hand: öffentliche Kommunikationsdienste sind u. a. Rundfunksender. Privatisierte, ehemals staatliche Diensteanbieter sind die Telekom AG (ehemals Deutsche Post) und die Auskunft der Telekom[1]. Bei allen Anbietern von Kommunikationsdienstn ist jedoch eine Definition gleich:

„Der Kommunikationsdienst ist eine Form des Informationsaustauschs.
Die Merkmale eines Kommunikationsdienstes sind:
(1) Die Kommunikation zwischen den Kommunikationspartnern erfolgt auf der Basis festgelegter Standards (Prozeduren, Sprache, technische Einrichtungen etc.).
(2) Der Träger des zugehörigen Kommunikationsnetzes (Netz) garantiert eine bestimmte Übertragungsgüte (Qualität, Geschwindigkeit).
(3) Es existiert ein Verzeichnis der Teilnehmer des Kommunikationsdienstes."
Definition aus Form des Informationsaustauschs.
Definition aus http://wirtschaftslexikon.gabler.de/Definition/kommunikationsdienst.html

E-Mail, Online-Konferenzen, Mailboxen (für Telefon, Handy & E-Mail-Adresse), externe Datenbanken wie z.B. das Telefonbuch auf CD-Rom, Homepages, Downloads, Online-Shopping, Online-Banking sind schon längst in unseren Alltag eingekehrt und haben ihren festen Platz.

Wo die Nutzung moderner Kommunikationsmedien so vielfältig ist, muss natürlich auch eine Absicherung für den Benutzer geschaffen werden, um dem Datenschutz und der Datensicherung gerecht zu werden:

- Banken vergeben TAN-Nummern, PINS und Passwörter an ihre Kunden,
- Bei Jobbörsen muss man sich mit seinen Stammdaten (Name,Adresse, Wohnort, Alter) E-Mail-Adresse und eigenem Passwort anmelden
- Online-Portale gibt es für jeden Interessensbereich z. B. www.markt.de für Händler u. a. Auch hier muss man sich vorher mit seinen Daten anmelden. Meist wird auch hier ein individuelles Passwort verlangt.
- Bei Online-Bestellungen werden alle Daten und die Bestellung mit SSL-Verschlüsselung geschützt.
- Manche Unternehmen akzeptieren erst eine Internetanfrage, wenn eine Reihe von Zeichen zur Wiederholung eingegeben wird – sogenannte Capcha.

VIII.   Schlußteil: Recht + EDV

So komplex der moderne Kommunikationsmarkt ist, unterliegt er vor allem den dazu erlassenen Gesetzen. Diese sind
- Das Bundesdatenschutzgesetz (kurz: BDSG)
- Das Strafgesetzbuch (STGB)
- Das Bürgerliche Gesetzbuch von 1900 (BGB) und das
- Das Gesetz zur Verhütung wegen unlauteren Wettbewerbs (UWG)
- Sowie das Telemediengesetz (TMG)

---

[1] Wobei es natürlich noch eine ganze Reihe anderer Mitkonkurrenten gibt wie z.B. telegate, 1&1, web.de, freenet

- und das Gesetz zur Regelung der Rahmenbedingungen für Informations- und
  Kommunikationsdienste (kurz *Informations- und Kommunikationsdienste* (*IuKDG*)

Allem voran dürfen die Rechte eines Unternehmens in der modernen Kommunikation die
verfassungsmäßig geschützten Grundrechte der anderen Menschen

Art. 1 Würde des Menschen

& Art. 2 Freie Entfaltung der Persönlichkeit

nicht berührt werden.

Plankstadt, Mittwoch, 18. April 2007

Regina Karl